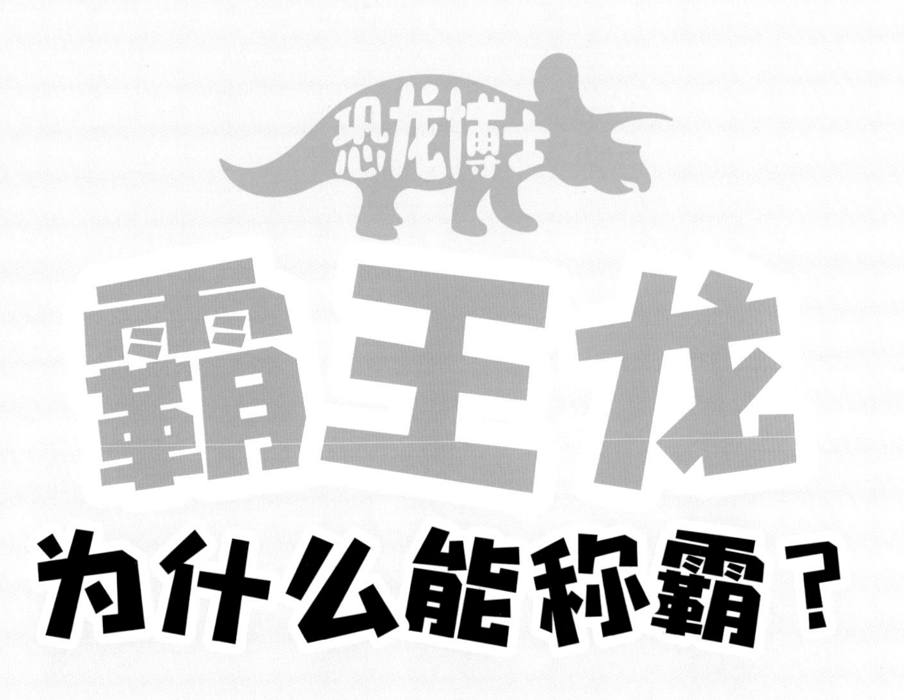

张玉光　著　　文鲁工作室　绘

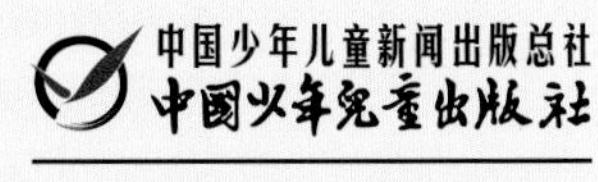

北　京

读这本书，你需要知道……

1 恐龙生活的时期

地球自诞生以来已经有46亿年的历史了，为了便于大家了解地球的历史，科学家将这46亿年划分为5代：太古代、元古代、古生代、中生代、新生代。其中中生代又分为3纪：三叠纪、侏罗纪和白垩纪，恐龙是这一时期的霸主。

距今1.5亿年，始祖鸟出现，有人认为它是最早的鸟类，也有人认为它是长着羽毛的小型兽脚类恐龙。

距今2.3亿年左右，最古老的恐龙始盗龙出现。此时，地球上的大部分地区是炎热干燥的荒漠。

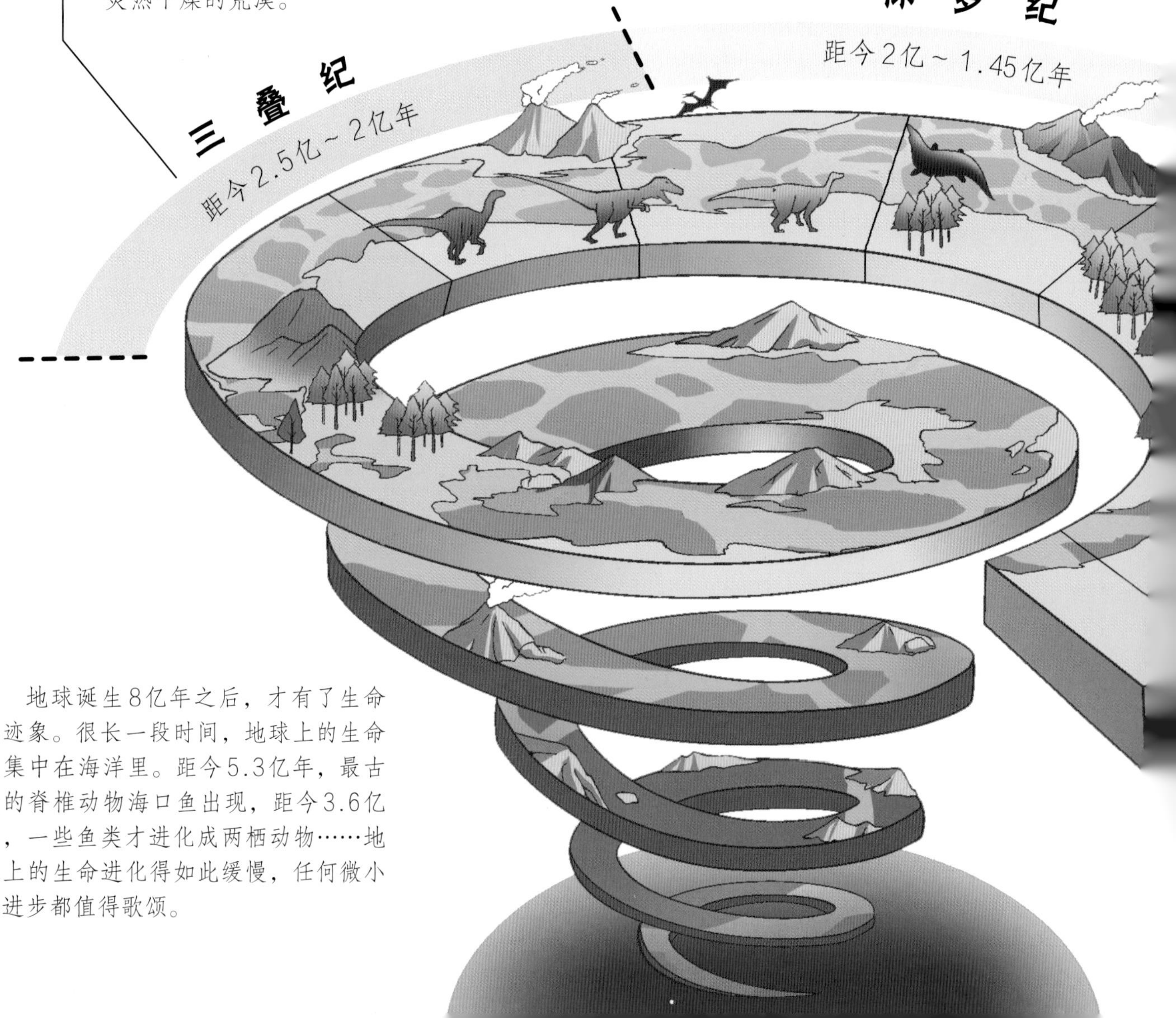

侏罗纪

距今2亿～1.45亿年

三叠纪

距今2.5亿～2亿年

地球诞生8亿年之后，才有了生命的迹象。很长一段时间，地球上的生命都集中在海洋里。距今5.3亿年，最古老的脊椎动物海口鱼出现，距今3.6亿年，一些鱼类才进化成两栖动物……地球上的生命进化得如此缓慢，任何微小的进步都值得歌颂。

2 恐龙的分类

根据骨盆的结构特征，科学家将恐龙分为两大类，一类是蜥臀目，它们的耻骨朝前，和蜥蜴的骨盆更像；一类是鸟臀目，它的耻骨朝后，跟鸟类的骨盆更像。

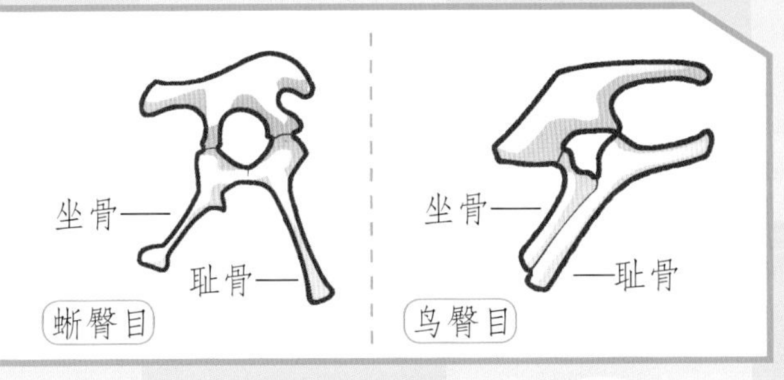

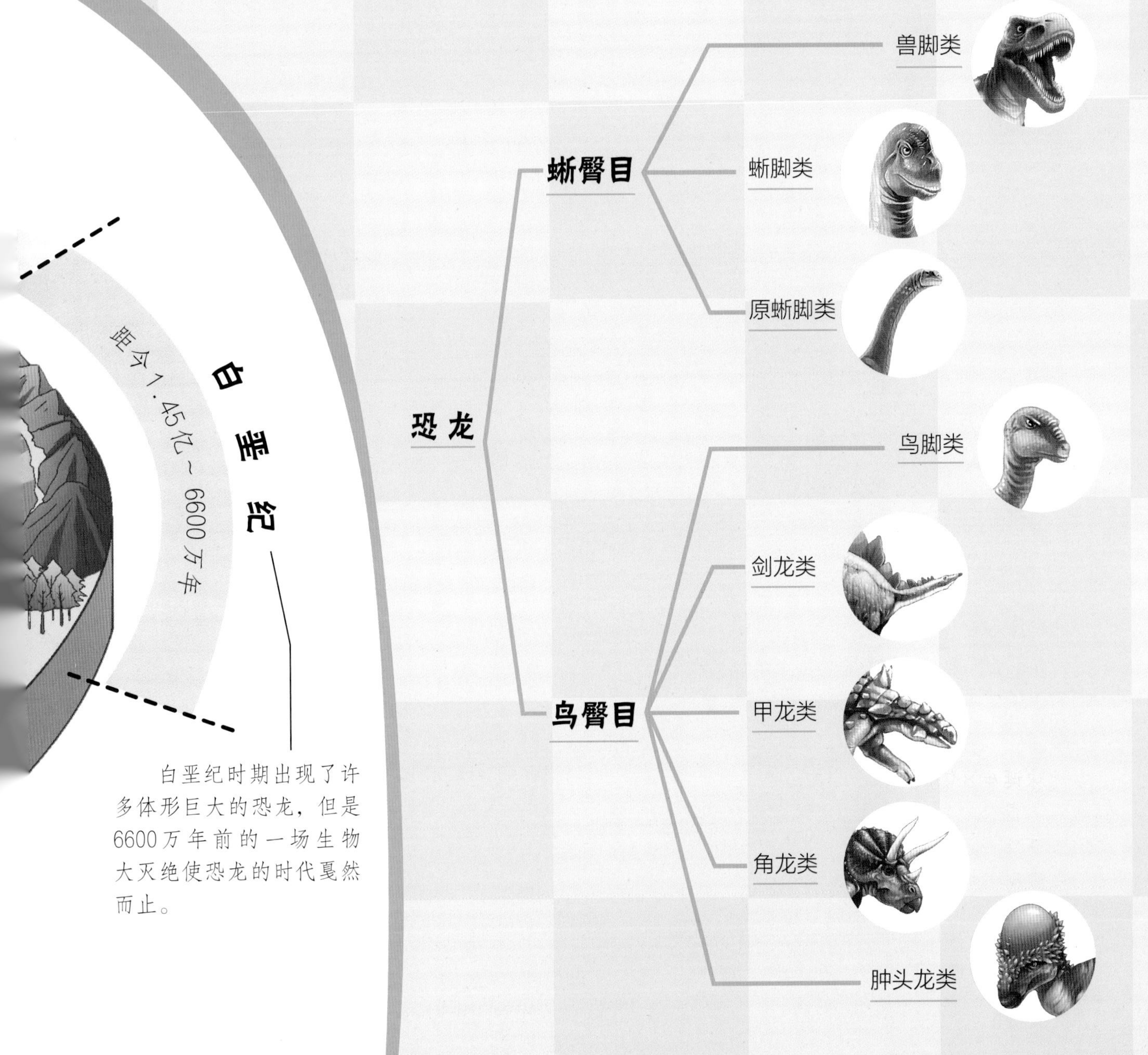

白垩纪时期出现了许多体形巨大的恐龙，但是6600万年前的一场生物大灭绝使恐龙的时代戛然而止。

目录

快速通道

我是霸王龙

大家好，我是霸王龙，一种**大型兽脚类肉食性恐龙**，生活在中生代的最后一个纪——白垩纪晚期，因凶猛的外形和强大的攻击力而著称。我猜很多人还不认识“恐龙”这两个字的时候，就已经听说过我的大名。那么，你们对我的了解究竟有多少呢？

霸王龙的体长超过12米，臀高约4米，体重约6.8吨。外形特征十分明显：身体粗壮，头骨高大；前肢短小，末端仅有2指；后肢肌肉发达，强健有力；用两足行走。

巨大的体形、强壮的头骨和锋利的牙齿是霸王龙称霸的武器，它们帮助霸王龙攀登到食物链的顶端，能够捕猎生活区域内的大部分植食性恐龙，可以说是所向披靡的王者。

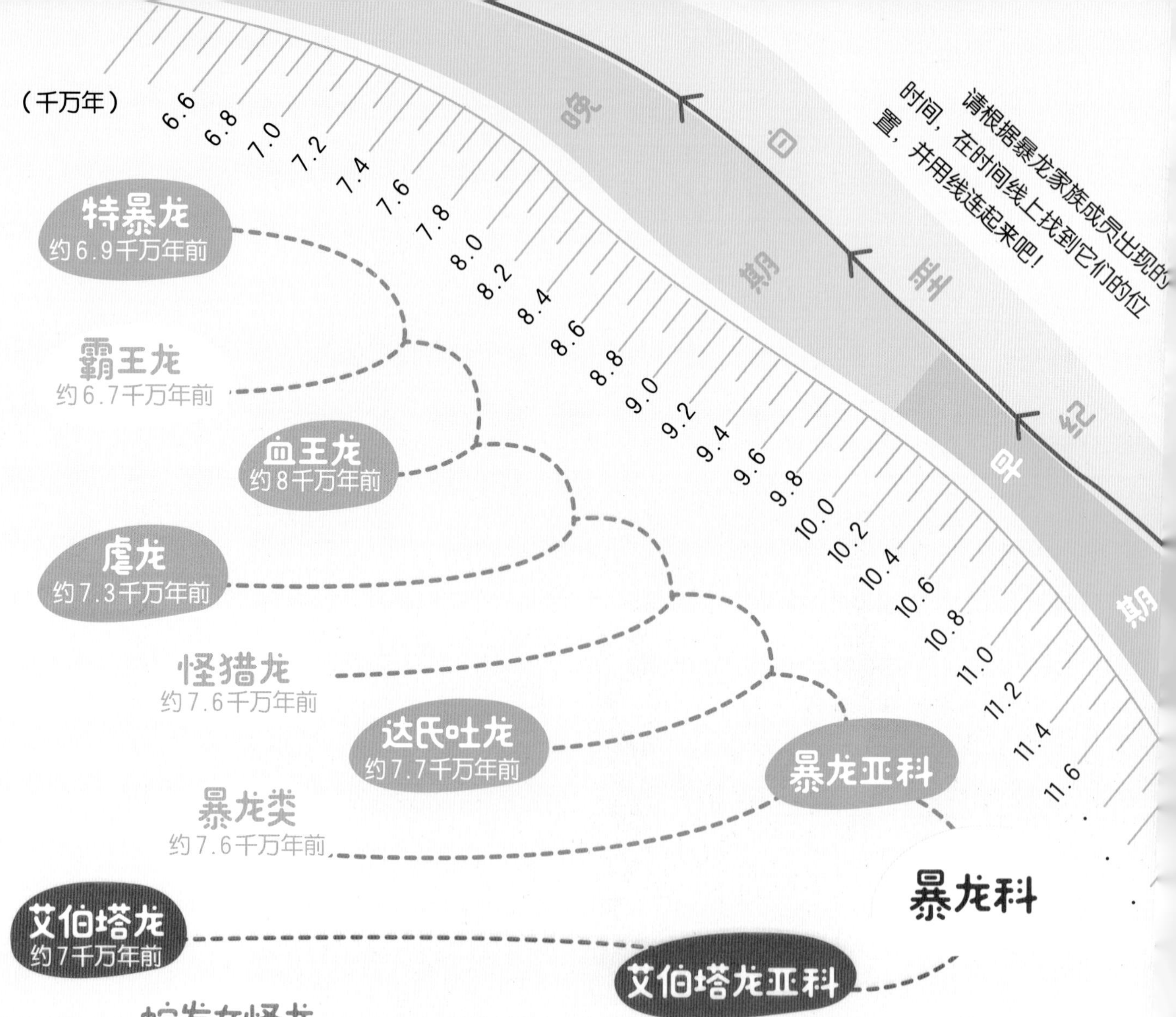

从科一级的分类上来说，**暴龙家族**包含艾伯塔龙亚科和暴龙亚科。暴龙家族的成员全部生活在白垩纪晚期，但不同的属、种出现的时间各不相同。暴龙家族的生活区域主要分布在北美洲，只有特暴龙生活在亚洲。越靠近白垩纪末期，暴龙科成员的个体越长，最长可达 15 米。

知识卡片

霸王龙是暴龙科的成员之一。暴龙科是一个大家族，包含惧龙、特暴龙等多种恐龙。当初古生物学家给霸王龙命名的时候，在暴龙属名“*Tyrannosaurus*”的后面加了个“*rex*”——意思是“王者”，所以中文就翻译成了“霸王龙”。最近几年，也有很多人根据音译，称霸王龙为“雷克斯暴龙”。

我的生活环境

我们霸王龙生活在白垩纪晚期的北美洲地区。当时的气候温暖湿润，海平面上升，四季冷暖变化日趋明显，地表覆盖着大量的植被，动物种类也在增加，为我们提供了**舒适的环境和丰富的食物**。

白垩纪晚期的海洋里有菊石、剑射鱼、金厨鲨、蛇颈龙、沧龙等，其中沧龙的体形越来越大，成为海洋霸主。体形最大的霍夫曼沧龙长度可达21米，重达33吨，以捕食海龟、蛇颈龙等为生。

陆地上生活着昆虫和爬行动物，哺乳动物也开始出现，但恐龙仍然是陆地霸主。古生物学家曾在鸭嘴龙、三角龙的骨骼化石上发现过霸王龙的齿痕，说明它们很可能是霸王龙的捕食对象。

第 28 ~ 29 页
恐龙贴贴乐

白垩纪晚期，裸子植物开始减少，仅留下苏铁类、松柏类、银杏类以及一些蕨类植物。开花的被子植物蓬勃发展，榕树、木兰、枫树、栎树等都已出现，为植食性动物提供了充足的食物，同时也改变了它们的食物结构。

知识卡片

裸子植物和被子植物是植物的两大类型。裸子植物是地球上最早用种子进行有性繁殖的植物，诞生于古生代。它们的种子裸露在外，没有果肉包被，因此较为原始。被子植物在1亿多年前的白垩纪早期出现，到了晚期开始繁盛，它们的种子外面有果肉包被，比如苹果、桃。

咬合力是最强武器

我们霸王龙之所以能称霸，不是因为对手太弱，而是我们确实很强！科学家模拟计算出我们的**最大咬合力**能达到20,408千克，这个力量足够将大型猎物瞬间咬碎。那么，这巨大的咬合力是从何而来的呢？

强壮的上下颌

霸王龙的上下颌狭长有力，能牢牢固定住嘴里的猎物。有科学家通过计算机模型分析，计算出霸王龙的上下颌开合度最大接近90度，咬合范围非常广。

愈合的鼻骨

还有科学家通过CT扫描成像技术，发现霸王龙的鼻骨是愈合的，愈合的鼻骨能使咬合力更为集中。

巨大锋利的牙齿

霸王龙嘴里有60多颗牙齿，大小不一，终生替换，最大的超过14厘米。这些牙齿向内弯曲，边缘还有锯齿状结构，相当锋利。

动物咬合力排名

排名	动物	咬合力	排名	动物	咬合力
1	霸王龙	20,408千克	第五名	狮子	347千克
2	湾鳄	3,510千克	第六名	老虎	307千克
3	大白鲨	1,857千克	第七名	北极熊	245千克
第四名	河马	826千克	第八名	人类	77千克

肉食性恐龙牙齿的秘密

牙齿是我们霸王龙的**重要武器**，也是所有肉食性恐龙的捕猎工具。虽然肉食性恐龙家族庞大、分支众多，但我们的牙齿都有一些共同特征。

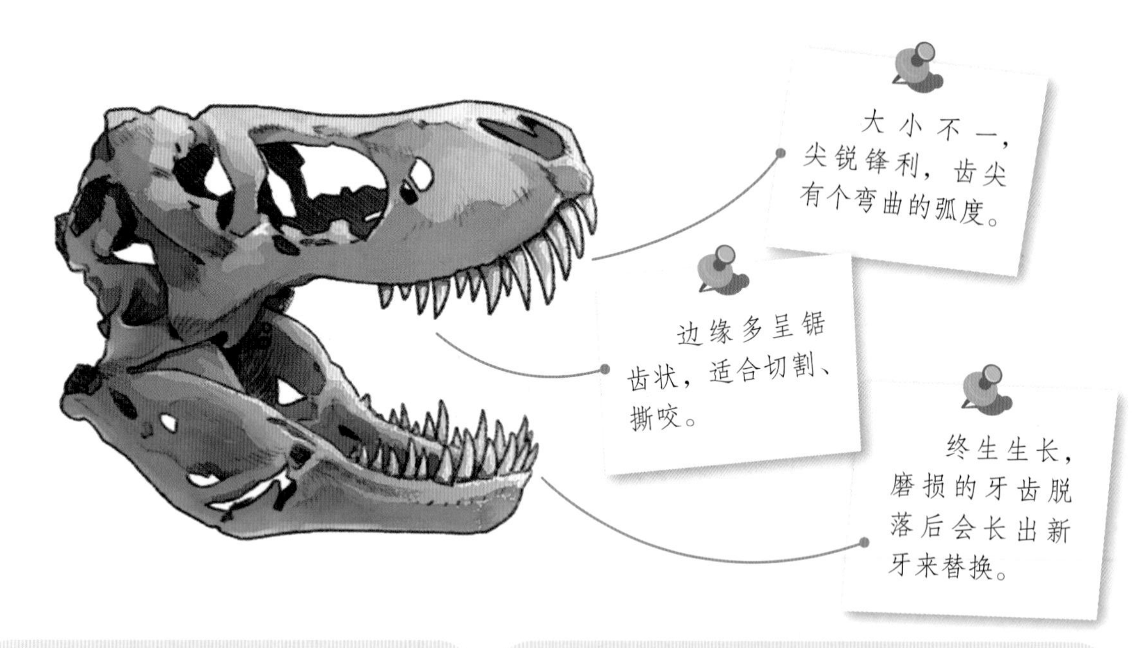

牙齿类型单一

大多数肉食性恐龙的牙齿属于同型齿，也就是说只有一种牙齿类型，没有门齿、犬齿、臼齿的区别，因此功能比较单一，只适合切割、撕裂，不适合咀嚼。

牙齿形态有区别

同是肉食性恐龙，霸王龙的牙齿呈圆锥形，配合着边缘的锯齿结构，适合撕裂皮肉。而鲨齿龙的牙齿更像大白鲨的牙齿，锋利单薄，加上边缘的锯齿结构，就像牛排刀一样，适合切割猎物。

知识卡片

恐龙的牙齿由外层的釉质和内层的齿质组成。如果用显微镜观察牙齿的横切面，可以看到齿质内有一圈一圈的结构，这是恐龙牙齿每天生长所留下的痕迹，可以说是“牙齿的年轮”，我们据此可以判断恐龙牙齿的生长速度与替换频率。

小霸王龙的牙齿需要矫正，请先量一量下面的牙齿分别有多长，再根据牙齿的形状为它选一副合适的牙套吧！

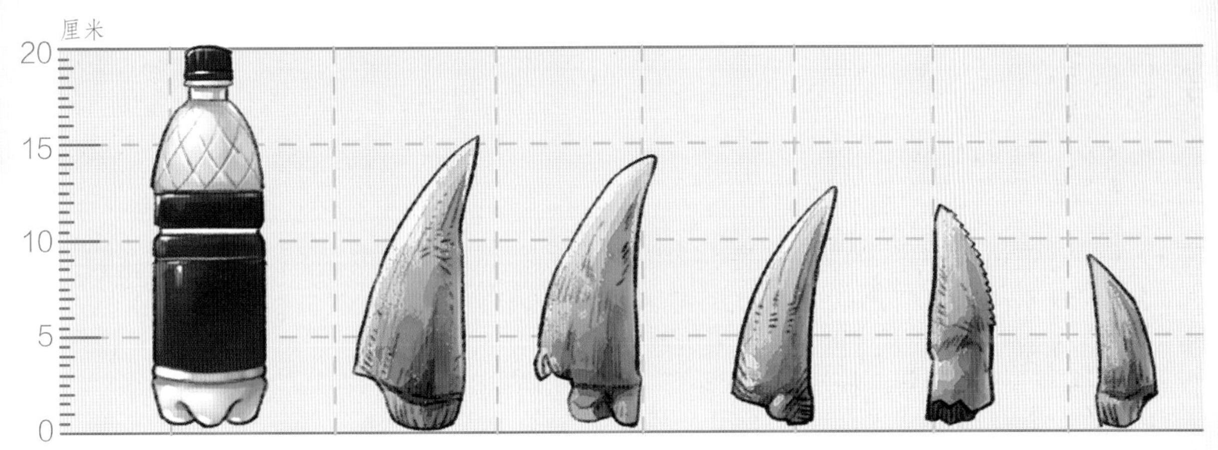

短小的前肢并不弱

与强壮的身体和锋利的牙齿相比，我们的前肢实在太短小了，很多人认为它们没有实际用途。事实上，我们的前肢长约1米，与成年人类的手臂差不多长，而且上面布满了肌肉，相当**灵活结实**，也很**有力量**。

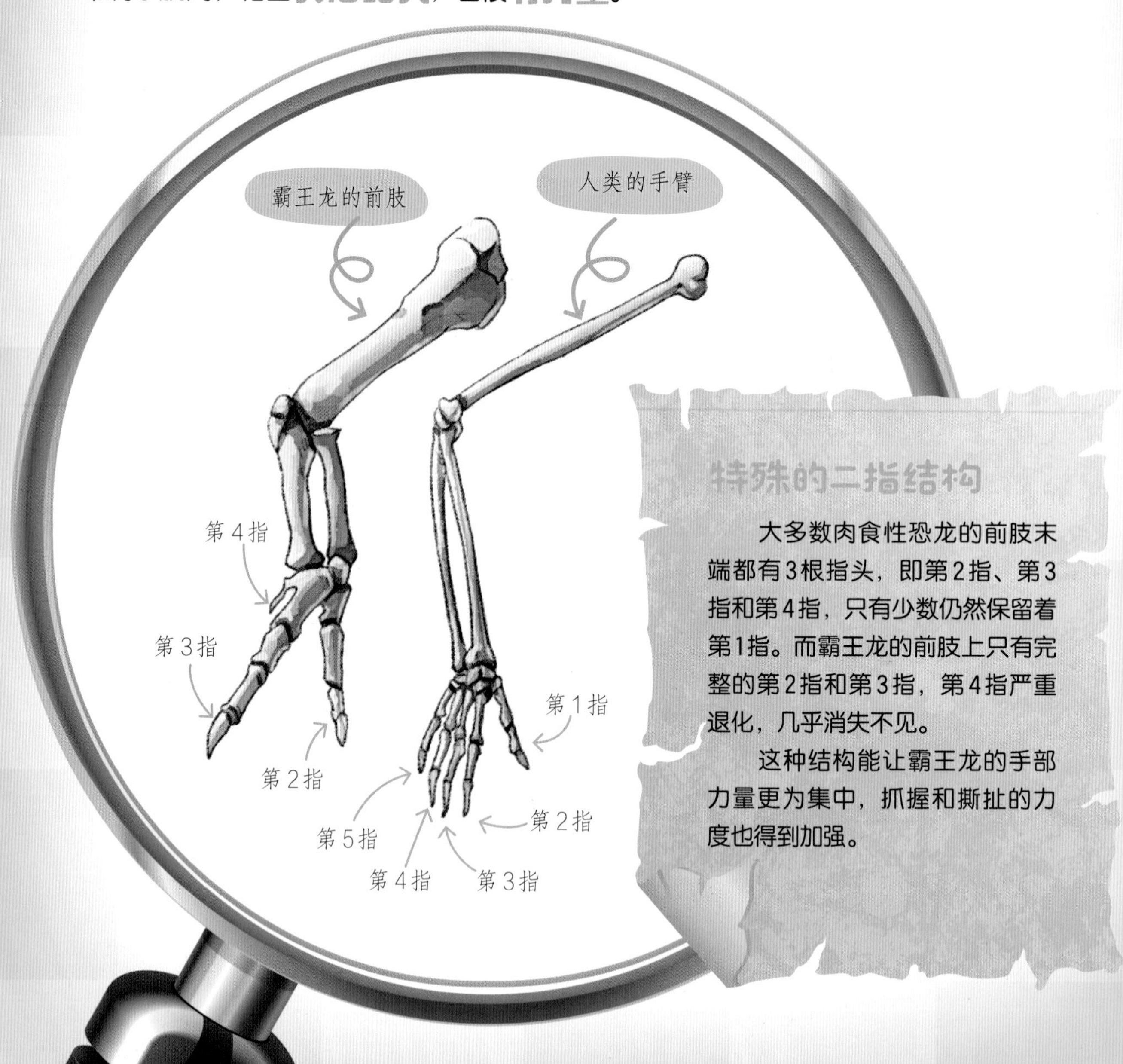

特殊的二指结构

大多数肉食性恐龙的前肢末端都有3根指头，即第2指、第3指和第4指，只有少数仍然保留着第1指。而霸王龙的前肢上只有完整的第2指和第3指，第4指严重退化，几乎消失不见。

这种结构能让霸王龙的手部力量更为集中，抓握和撕扯的力度也得到加强。

暴龙科第4指的秘密

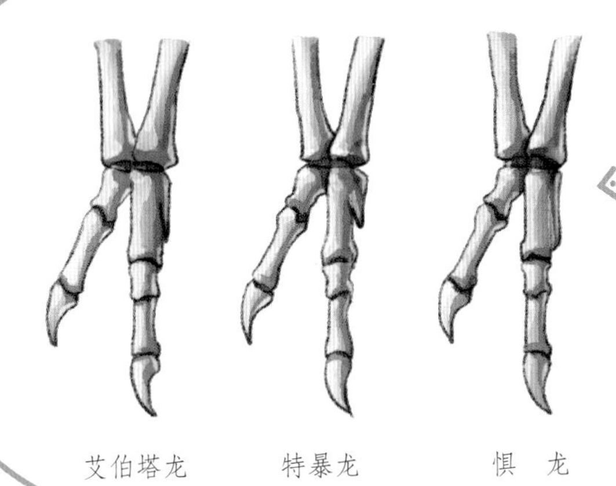

艾伯塔龙、特暴龙、惧龙的第4指已与第3指愈合到一起，使第3指变得更加粗壮。

霸王龙的第4指没有与第3指愈合到一起，因此，科学家认为霸王龙的前肢力量要略逊于艾伯塔龙、特暴龙等近亲。

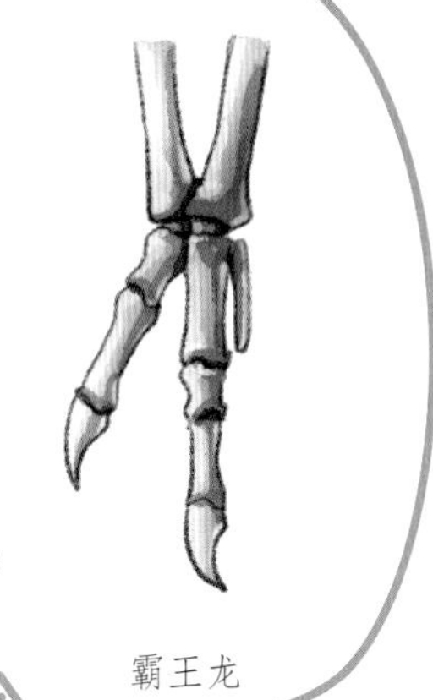

有科学家通过力学分析，推断出霸王龙可以单臂举起200千克的杠铃，具有相当强的力量。

小爪子，大作用

爪子不是我们霸王龙最重要的武器，因为我们强壮的身体和巨大的咬合力就足以令对手闻风丧胆。但对其他体形较小的肉食性恐龙来说，比如恐爪龙，要想提高捕猎效率，一副**尖锐的利爪**必不可少。

恐爪龙

生活在约1.15亿～1.08亿年前白垩纪早期，主要分布在北美洲，体长约2.5米～4米，体重约50千克～75千克。

恐爪龙属于驰龙科，驰龙科的恐龙最明显的特征就是后肢第2指上长着一只弯曲的大爪子，这只大爪子和前肢上的3只利爪共同组成了一副高效的捕猎工具。

戳刺猎物

过去，人们一直认为恐爪龙的大爪子是用来割划、撕开猎物的皮肉的。但最新的模型重建表明，这个大爪子可能更多的是用于戳刺，而非割划、撕裂。

固定身体

另一项研究表明，恐爪龙这只大爪子还能起到固定身体的作用。平常行走时，为了保持这只爪子的锋利，恐爪龙会将它翘起来，防止磨损。当遇到湿滑的地面，它们就会放下这只爪子，抓住地面，稳定身体，防止滑倒。

腱　龙

与恐爪龙生活在同一时期、同一地域的植食性恐龙，体长约6.5米~8米。虽然体形很大，但面对成群结队的恐爪龙和它们那锋利的爪子，腱龙很难占到上风。

谁是巨爪之王

其实，利爪并不是肉食性恐龙的“专利”，有的植食性恐龙或杂食性恐龙拥有**更加可怕**的爪子，比如镰刀龙。我们肉食性恐龙大家族中可以与镰刀龙一较高下的，只有重爪龙。

重爪龙

生活在白垩纪早期，分布在欧洲的英国和西班牙地区。属于肉食性恐龙，体长约8米～10米，体重约2吨～4吨。

镰刀龙

生活在白垩纪晚期，分布在亚洲的中国、蒙古国地区，以及北美洲等地。属于植食性或杂食性恐龙，体长约10米，前臂长约2.5米，体重约6.5吨。

镰刀龙前肢上的3只爪子都很长，最长的可达70厘米，窄薄而尖锐，十分可怕。

镰刀龙曾因为巨大的爪子，而一度被认为是性情暴躁的肉食性恐龙。随着研究的深入，古生物学家发现镰刀龙其实是植食性或杂食性恐龙，爪子可以用来切割植物，或挖取白蚁。

巨爪间的较量

了解了重爪龙和镰刀龙的大爪子之后，你认为它们谁更胜一筹，能获得“巨爪之王”的荣誉呢?

请根据你的判断，将它们决斗之后的剩余血量画出来吧!

出其不意的袭击战术

大型肉食性恐龙的力量足够强大，所以常常独来独往。我们霸王龙也是如此，保持着**单打独斗**的习惯，依靠自己的力量获取食物，既不需要同伴的帮助，也不用分享食物。为此，我们发展出了突然袭击的捕猎方式。

霸王龙会在瞬间发动攻击，扑向猎物，张开血盆大口，使劲撕咬猎物的皮肉。最后猎物无力挣扎，彻底毙命，霸王龙则开始享用美美的一餐。

知识卡片

古生物学家曾在一具鸭嘴龙的尾椎化石上，发现了一颗长度接近4厘米的霸王龙牙齿，这颗牙齿嵌在两块椎骨之间。神奇的是，椎骨后来愈合了，并将这颗牙齿包裹了起来，说明这只鸭嘴龙侥幸逃脱了霸王龙的追捕。

鸭嘴龙的数量庞大，占当时所有植食性恐龙的75%。它们防御能力不强，过着群居生活，一旦掉队落单，就容易成为肉食性恐龙的猎物。

鸭嘴龙

一种鸟脚类植食性恐龙，生活在白垩纪晚期，主要分布在北美洲，体长约10米，体重约4吨，因为一张扁扁的嘴巴像鸭嘴而得名。

霸王龙会选择猎物经常出没的地方，悄悄隐藏起来，等待猎物的出现。一旦猎物出现，饥肠辘辘的霸王龙就绝不会放过任何机会。

集体狩猎效率高

对于力量不够强大的肉食性恐龙来说，单独行动不但容易遭遇危险，而且也很难抓到猎物填饱肚子。这种情况下，它们通常结伴而行，**集体出动**，以保证狩猎效率。

伶盗龙

生活在白垩纪晚期，主要分布在北美洲和亚洲，体长约2米，体重约15千克，身体轻盈，擅长奔跑。它们属于驰龙科，和恐爪龙一样，后肢第2指上长着弯曲的大爪子。

原角龙

生活在白垩纪晚期，主要分布在蒙古国和中国内蒙古地区，体长约1.8米，体重约180千克。外形与三角龙相似，但头上还没发育出角，较为原始。

伶盗龙是小型的肉食性恐龙，脑容量较大，说明它们拥有较高的智力，是一种非常聪明的恐龙。它们常常出现在广袤的原野上，成群结队地寻找猎物。

一旦锁定猎物，伶盗龙就会采取互相配合的战术追逐、围攻猎物，用尖锐的爪子和锋利的牙齿给猎物放血，直到猎物无法动弹了，它们就分而食之。

知识卡片

古生物学家曾在蒙古国发现过一件珍贵的化石，见证了伶盗龙和原角龙搏斗的场景。从化石来看，伶盗龙的爪子深深插进了原角龙的颈部，而原角龙的喙状嘴巴也牢牢咬住了伶盗龙的前肢。最后，这场搏斗以两败俱伤的方式结束，被风沙掩埋，变成了化石。

恐龙会同类相食吗

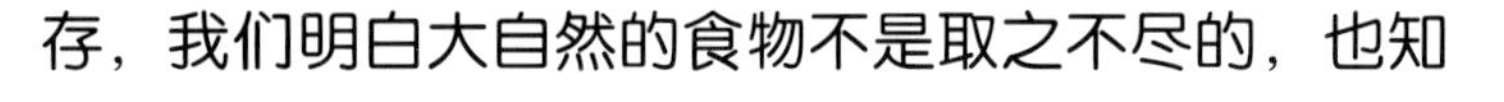

对肉食性恐龙来说，**捕猎是天性**，吃肉是为了生存，我们明白大自然的食物不是取之不尽的，也知道捕猎的辛苦，所以不会毫无节制地滥杀。可是迫不得已的时候，有些同伴也会选择同类相食。

科学家在玛君龙的骨骼化石上发现了许多牙齿痕迹，这些齿痕之间的距离与玛君龙的牙齿间距相吻合，大小也接近，就连齿痕上的凹口都与玛君龙的牙齿边缘相符。而玛君龙又是马达加斯加地区已知的唯一一种大型兽脚类恐龙。因此，科学家推断，玛君龙种群间存在着同类相食的现象。

玛君龙

生活在白垩纪晚期，主要分布在非洲马达加斯加地区，体长约10米，体重约4吨。头骨厚实，口鼻上方的皮肤凹凸不平，头顶有一根圆角，嘴里布满了尖锐的牙齿。

知识卡片

如何判断恐龙骨骼化石上的伤痕是生前还是死后留下的？一个最简单有效的方法就是看这些伤痕有没有愈合的迹象。如果有，说明这只恐龙逃脱了对方的追捕，并且又存活了足够长的时间，让伤口得以愈合。如果没有，一般来说就是在生前瞬间遭遇撕咬毙命，或死后才遭到肉食性动物的破坏。

头冠能用来打斗吗

人们提到肉食性恐龙，往往和“凶猛”“残暴”等词联系在一起，我们不否认这一点，但这不代表我们的全部。我们也**爱美**，也希望**引起同伴的注意**，这时候头冠就派上用场啦。肉食性恐龙家族中有许多成员都有头冠，比如单脊龙、双脊龙、冰脊龙。

头冠的真相

恐龙头上的头冠都是骨质冠。最初，古生物学家认为它们是用来打斗的武器。后来才发现这些头冠往往比较薄，很容易在打斗中折断，所以不太可能用于打斗，更可能是用来吸引异性、帮助恐龙求偶的工具。

双脊龙

生活在侏罗纪早期的肉食性恐龙，主要分布在北美洲和亚洲，体长约6米~7米，体重约300千克~450千克，最大的特点是头上有两片圆弧状的头冠。

在有头冠的恐龙中，冰脊龙的头冠最为特殊。大多数恐龙的头冠都是沿头骨纵向生长的，冰脊龙的头冠则是沿头骨横向生长，像一把梳子横插在头上。

冰脊龙

在南极洲发现的第一种恐龙，生活在侏罗纪早期，体长约6米，体重约500千克。当时南极洲还没有漂移到现在的位置，所以气候没有现在这么寒冷，动植物种类也比现在丰富，不过冰脊龙仍然要抵御一定程度的严寒。

知识卡片

大陆漂移说认为，现在分散在地球上的各个大陆在最初是一块完整的古陆，叫泛大陆或联合古陆。泛大陆从中生代开始分裂，分裂出去的大陆板块逐渐漂移到现在的位置，构成了现在的地球大陆板块格局。德国气象学家魏格纳率先提出这一观点，被称为“大陆漂移说之父”。

恐龙大家族里不仅有爱攻击的肉食性恐龙，而且还有会防御的植食性恐龙，你知道怎么分辨它们吗？请仔细观察，在贴纸上找到它们，并贴在正确的位置上吧！

华阳龙
尾羽龙
始盗龙
鸭嘴龙
冰脊龙
三角龙

当攻击遇到防御

捕猎是件技术活儿，并非每一次都能成功。决定成败的因素有很多，比如周围的环境是否对我们有利，目标猎物的防御能力高低等。对我们霸王龙来说，三角龙就是不可小瞧的**强劲对手**。

三角龙

生活在白垩纪晚期，主要分布在北美洲，体长约8米~10米，体重约6吨~12吨，用四足行走，粗壮的四肢像柱子一样稳稳地支撑着身体。它们的爪子不像肉食性恐龙的那样尖锐，而是呈蹄状，牢牢地抓着地面。

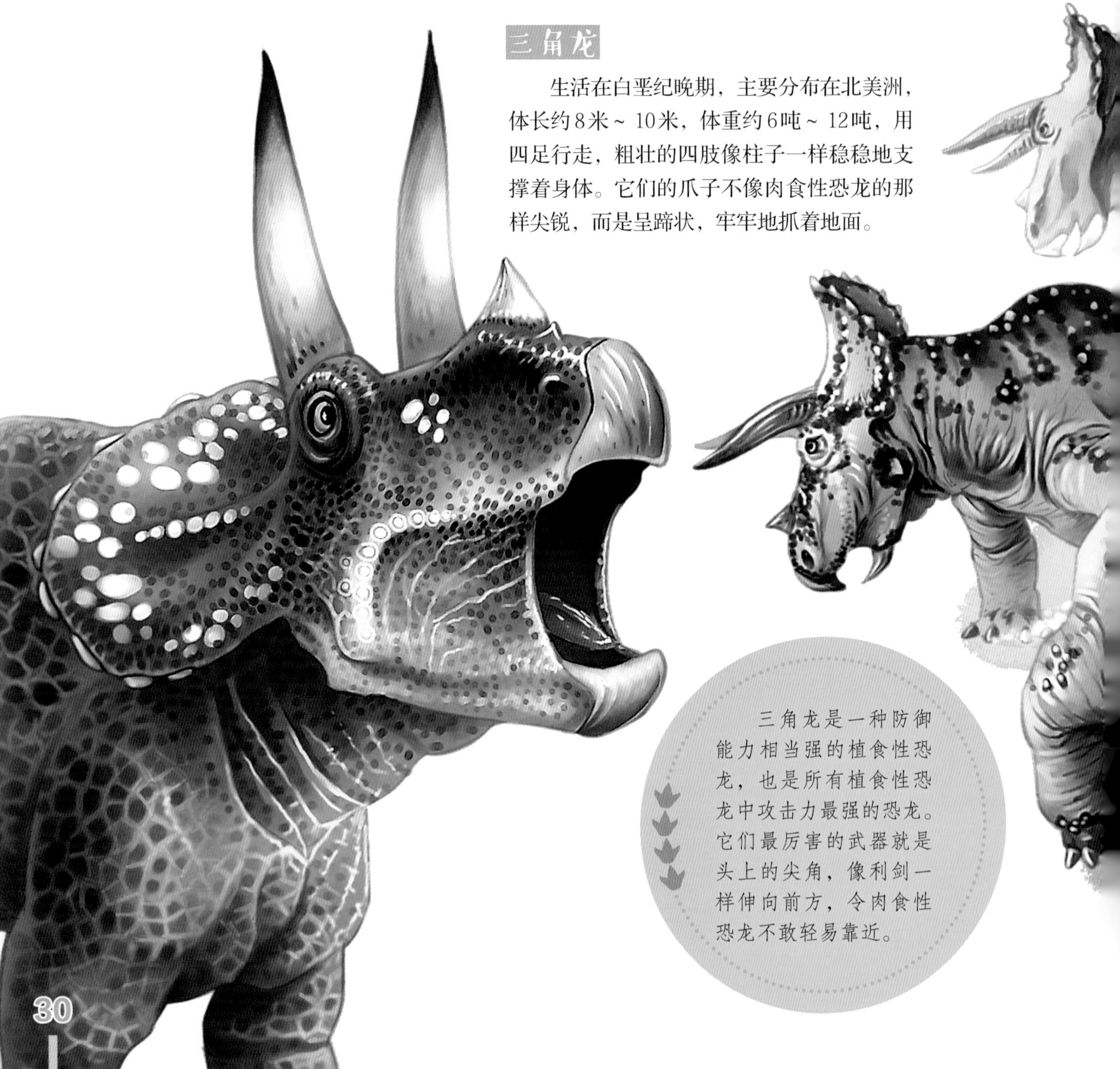

三角龙是一种防御能力相当强的植食性恐龙，也是所有植食性恐龙中攻击力最强的恐龙。它们最厉害的武器就是头上的尖角，像利剑一样伸向前方，令肉食性恐龙不敢轻易靠近。

三角龙是群居动物，它们懂得团结力量大。当遇到强大的肉食性恐龙袭击时，它们会迅速围成一个圈，把老弱病幼的伙伴保护在中间。

知识卡片

三角龙长有一张鹦鹉嘴一样的尖尖的喙嘴，由角质组成，用来切割植物的茎叶。喙嘴后的上下颌骨上有排列成齿系的牙齿，两侧各有3～5列牙齿群，每列牙齿群又由36～40颗牙齿组成，所以三角龙足足有432～800颗牙齿。

形形色色的恐龙角

人们常说“进攻是最好的防御”，这句话也适用于我们恐龙的世界，尤其是植食性恐龙，它们各有各的防御手段，对我们**最具威慑力**的要数它们头上的尖角。所以我们要先了解恐龙角，才能做到知己知彼，百战不殆。

最长的角

三角龙的额角长达1.2米，甚至更长，是所有恐龙角中最长的，能轻易刺破对手的皮肤和肌肉，使对手丧失攻击能力。

被误会的角

五角龙其实只有1只鼻角和2只额角，共3只角。脸颊两侧的角是拉长了的颧骨。最初古生物学家根据化石形态，把它们误认成了角，所以取了“五角龙”这个名字。五角龙的额角也相当长，攻击和防御能力不逊于三角龙。

最多的角

戟龙总共有7只长角，是角最多的恐龙。其中最长的是鼻角，其次是颈盾上的6只角。颈盾两侧还长有一些小尖角，不够引人注意，所以通常忽略不计。

戟龙头上的角数量很多，在颈盾的衬托下，显得十分威风，远远望去，像背着一排尖尖的长戟，很有威慑力。

知识卡片

肉食性恐龙中的食肉牛龙在眼睛上方也长着两只短角，像牛角一样，不过这对角很小，无法当作武器。古生物学家猜测这对角可能是食肉牛龙成年的标志，随着食肉牛龙的成长而变大，长到一定程度就证明食肉牛龙成年了。

华丽的颈盾有什么用

除了尖角外，角龙类恐龙身上还有一种**特殊构造**——颈盾。与角一样，颈盾也是骨质化的结构，由头骨后部扩大而成。这些颈盾又大又华丽，上面还长着夸张的尖角，很容易识别。不过，颈盾究竟有什么作用呢？在人类世界里流行着以下3种说法。

1. 抵御敌人

这种观点认为颈盾是防御武器，平时起到威吓敌人的作用，遇到袭击时，则可以用来反抗敌人，进行自卫。尤其像戟龙那种长角的颈盾，更加令敌人不敢靠近。

2. 视觉辨识

这种观点认为颈盾只是一种视觉辨识物，既可以像孔雀开屏一样，用于求偶，也能作为同类互相识别的标志。

3. 调节体温

这种观点认为颈盾是用来调节体温的。有古生物学家发现恐龙的颈盾上曾经分布着大量血管，有助于调节体温。当需要吸热时，就调节好颈盾的角度，使吸热面积达到最大。当体内需要散热时，颈盾便直立起来，阻止热量的吸入。

看完以上 3 种分析，你更赞同哪种观点呢？恐龙世界仍有许多奇妙的**未解之谜**，等待着你去发现！

恐龙也有“安全帽”

我们肉食性恐龙在捕猎时，还会遇到**难啃的硬骨头**——肿头龙类恐龙。肿头龙类是植食性恐龙家族里的一个特殊种类，它们的头顶高高鼓起，像肿了一样，质地却坚硬无比，既能抵挡外力的冲击，也能有力地撞击对手。

肿头龙类恐龙头顶高高的突起是由顶骨发育并扩大形成的，这块突起的顶骨十分坚硬厚重，最厚可达25厘米，能像安全帽一样有效地保护头部。

肿头龙

肿头龙类中的典型代表。生活在白垩纪晚期，主要分布在北美洲，体长约4.5米，体重约1.5吨。除了厚厚的头顶之外，头部周围和鼻梁处还布满了骨质小瘤。

冥河龙

肿头龙类中形象最突出的恐龙。生活在白垩纪晚期，主要分布在北美洲，体长约2.4米，高约1米，头骨后部有4个棘状物格外突出，长而尖锐，像野山羊的角。

当恐龙穿上“盔甲”

如果说肿头龙类厚厚的头骨是一块难啃的硬骨头，那么甲龙类就是全副武装的“**装甲坦克**”。甲龙类的背上覆盖着坚硬厚重的骨板，以我们霸王龙的咬合力，对付这些骨板当然不成问题，但对一般的肉食性恐龙来说，就无从下口了。

棱背龙

侏罗纪早期首次出现了浑身覆盖着骨甲的恐龙——棱背龙。棱背龙体长约3米~4米，体重约800千克，生活在欧洲和北美洲，是甲龙类和剑龙类的祖先类型。

棱背龙的背上虽然覆盖着骨板，但这些骨板并没有连在一起，没有形成完整的“盔甲”，所以防御能力不如剑龙和甲龙。当遇到危险时，它们会像刺猬一样迅速蜷缩成一团，把背上的骨板暴露给敌人，用来防御。

甲龙从头到尾覆盖着坚硬厚实的骨板，背上还有两排尖刺，这些共同组成了一副坚实的盔甲，大大增强了它们的防御能力。

甲龙尾巴末端还有一个巨大的骨质尾锤，能狠狠地还击对手。

甲 龙

甲龙类的典型代表，生活在白垩纪晚期，主要分布在南美洲、北美洲，体长约7米～10米，体重约2吨～4吨。

知识卡片

甲龙身上覆盖着厚厚的骨板，能有效防御敌人的攻击，但同时也会给身体带来负担——不易散热。最新的研究表明，甲龙的鼻腔内分布着复杂的血管，有助于控制身体，尤其是头部的热量变化，从而避免身体过热引发的问题。

尾巴也能赶走敌人

一些植食性恐龙既没有尖角，也没有盔甲，看起来是很容易得手的猎物，其实它们往往拥有令人意想不到的武器——尾巴。它们的尾巴甩动起来十分有力，能把近身的肉食性恐龙赶跑。

带“锤子”的尾巴

一些甲龙类的尾巴末端长有一个骨质尾锤，在遇到危险时，甩动尾巴就像挥舞着一把大锤子，能狠狠地打击前来进犯的敌人。包头龙的尾锤由7块尾椎骨和两块球状骨板组成，威力惊人，能将石头击碎。

像鞭子一样的尾巴

梁龙生活在侏罗纪晚期，体长约27米，体重约10吨，拥有一条细长有力的尾巴，长度接近身体的一半，可达13米～14米。这条尾巴甩动起来像鞭子一样，令前来偷袭的肉食性恐龙不敢靠近。

带尖刺的尾巴

剑龙生活在侏罗纪晚期，体长约7米～9米，体重约2吨～4吨。虽然它们身体粗壮，行动缓慢，但也不是待宰的羔羊，它们尾巴末端有4根尖锐的对称排列的尾刺，当遇到袭击时，可以甩动尾巴，将尖刺刺向对方，起到防御的作用。

剑龙背上竖立着两排高大的三角形骨板，这些骨板的作用至今仍然没有定论。有人认为是起防御作用的，有人认为是一种视觉辨识物，还有人认为是用来调节体温的。

有威慑力的大块头

告诉你们一个秘密，对我们肉食性恐龙来说，拥有防御武器的植食性恐龙难对付，没有防御武器的更加难对付，因为最缺少防御能力的蜥脚类恐龙往往是**庞然大物**。这些恐龙性情温和，不擅打斗，可是面对它们那庞大的体形，就连我们霸王龙也会望而却步。

蜥脚类恐龙的鼎盛期是侏罗纪晚期，那时有很长一段时间气候温暖湿润，植被繁盛，为大块头的蜥脚类恐龙提供了充足的食物，使得它们能够大量繁衍生息。

在恐龙时代的天空中，常常见到一种会飞的爬行动物——翼龙。翼龙的种类不同，大小不一，最小的森林翼龙翼展仅有25厘米，最大的风神翼龙的翼展超过12米。著名的翼龙有真双型齿翼龙、无齿翼龙、哈特兹哥翼龙、风神翼龙等。

地震龙

生活在侏罗纪晚期，地震龙的体长约32米～36米，体重约31吨～40吨，是地球上出现过的体形最大的动物。古生物学家猜测它庞大的身体行动起来会使地面震动，像发生了地震一样，所以给它取名为“地震龙”。

恐龙攻防战

当植食性恐龙遇到肉食性恐龙，一场恐龙之间的攻防战开始了！请根据你对下面这些恐龙的了解，为它们**匹配合适的对手**，摆出你心里的最佳攻防阵形吧！

请在两张图中找到不一样的地方，把它们圈出来吧！

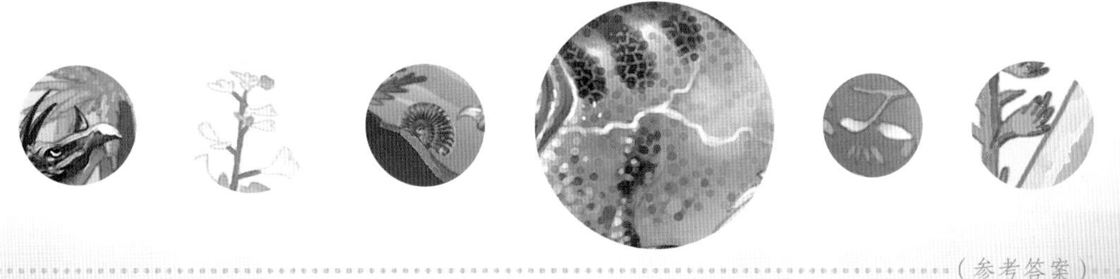

（参考答案）

图书在版编目（C I P）数据

恐龙博士. 霸王龙为什么能称霸? / 张玉光著 ; 文鲁工作室绘. — 北京 : 中国少年儿童出版社, 2018.9
ISBN 978-7-5148-4736-9

Ⅰ. ①恐… Ⅱ. ①张… ②文… Ⅲ. ①恐龙—少儿读物 Ⅳ. ①Q915.864-49

中国版本图书馆CIP数据核字(2018)第103943号

KONGLONG BOSHI
BAWANGLONG WEISHENME NENG CHENGBA

出版发行：中国少年儿童新闻出版总社 中国少年兒童出版社

出 版 人：李学谦
执行出版人：张晓楠

策　　划：包萧红　　审　　读：聂　冰
责任编辑：刘晓成　　责任校对：华　清
封面设计：杨　棽　　美术编辑：杨　棽
责任印务：任钦丽

社　　址：北京市朝阳区建国门外大街丙12号　　邮政编码：100022
总 编 室：010-57526070　　传　　真：010-57526075
编 辑 部：010-59344121　　客 服 部：010-57526258
网　　址：www.ccppg.cn
电子邮箱：zbs@ccppg.com.cn

印　　刷：北京利丰雅高长城印刷有限公司

开本：889mm×1194mm　1/16　　印张：3.25
2018年9月北京第1版　　2018年9月北京第1次印刷
字数：41千字　　印数：10000册

ISBN 978-7-5148-4736-9　　定价：32.00元